“漫说气象科普”丛书

# 强对流天气家族的“熊孩子”

郑贤 张芳琳 卢威旭 主编

气象出版社
China Meteorological Press

## 内容简介

在全球气候变暖的背景下，强对流天气频发且破坏力显著增强，加之其难以预测，其所造成的灾害已成为我国气象防灾减灾的重中之重。本书全面介绍了强对流天气的基本概念、形成条件、发生时间等知识，详细阐述了强对流天气家族中的短时强降水、雷暴、雷雨大风、龙卷、冰雹、飑线的特点、危害及其应对方法。本书语言通俗易懂，漫画生动形象，兼具知识性和趣味性，有助于读者在轻松愉悦的阅读中更好地认识强对流天气，提高防灾减灾意识，科学应对气象灾害。

**图书在版编目（CIP）数据**

强对流天气家族的“熊孩子” / 郑贤，张芳琳，卢威旭主编. -- 北京 : 气象出版社，2025. 3. -- ISBN 978-7-5029-8455-7

Ⅰ. P425.8-49

中国国家版本馆 CIP 数据核字第 2025SL0723 号

强对流天气家族的“熊孩子”

Qiangduiliu Tianqi Jiazu de “Xionghaizi”

出版发行：气象出版社

地　　址：北京市海淀区中关村南大街 46 号　　　邮政编码：100081

电　　话：010-68407112（总编室）　010-68408042（发行部）

网　　址：http://www.qxcbs.com　　　E-mail：qxcbs@cma.gov.cn

责任编辑：杨　辉　王子淇　　　终　　审：张　斌

责任校对：张硕杰　　　责任技编：赵相宁

设　　计：艺点设计

印　　刷：北京地大彩印有限公司

开　　本：710 mm×1000 mm　1/16　　　印　　张：5.5

字　　数：60 千字

版　　次：2025 年 3 月第 1 版　　　印　　次：2025 年 3 月第 1 次印刷

定　　价：29.20 元

# 《强对流天气家族的“熊孩子”》编委会

微型风速传感器
（代表气象观测设施，是气象观测、数据采集和科学研究的基础工具）
雨滴形大脑
（代表天气现象）
智能天眼（千里眼）
（能感知天气变化）
宠物精灵球
（时刻帮主人南小天监测气象并随时与主人互动）
麦克风（顺风耳）
（可时刻监听、汇报气象情况）
智能屏幕
（可全息投屏、随时调取、查看气象资料、图表）
机械手臂
（力大无穷，可举起或阻挡千吨重物）
南小天
万能百宝箱背包
（内装取之不尽的气象相关工具）
智能筋斗云（充电云）
（能帮助南小天在空中任意畅游，随叫随到）

**南小天形象图解**

# 前 言

强对流是生命史短、天气变化剧烈、破坏力极强的灾害性天气。强对流天气家族成员包括短时强降水、雷暴、雷雨大风、龙卷、冰雹、飑（biāo）线等。短时强降水，通常指1小时内降水量达到或超过20毫米的对流性降水；雷暴通常指伴有雷击和闪电的局地对流性天气；雷雨大风是指在出现雷、雨天气现象时，风力达到或超过8级（风速≥17.2米/秒）的天气现象；龙卷是自积雨云底部下垂的漏斗状云及其所伴随的猛烈旋转所形成的强烈涡旋系统；冰雹是坚硬的球状、锥状或形状不规则的固态降水；飑线指范围小、生命史短、气压和风发生突变的狭窄强对流天气带。

强对流天气通常具有局地性、突发性特征，持续时间短但破坏力强，它可能引发山洪、泥石流、山体滑坡和城市内涝等灾害，对人民生命财产和国民经济建设造成直接或间接的损害。

强对流天气家族虽然也有积极的一面，例如短时强降水有利于缓解土壤旱情、增加池塘和水库蓄水、缓和高温天气，但其带来的城市内涝、山体滑坡等不利影响还是更大。雷暴可能引发多种灾害，包括雷击导致人员伤亡、建筑损毁，以及输电和通信设施中断，同时还会对航空运输构成威胁；雷雨大风可能摧毁建筑、折断树枝，还会影响水上运输安全；龙卷常常会瞬间阻断交通、摧毁建筑、破坏植被等；冰雹则会砸坏农作物、砸伤人畜等，其伴随的短时低温还会对农作物的正常生长和发育产生不利影响；飑线会引发雷击灾害、风灾、雹灾和洪灾等。

在当今全球气候变暖的大背景下，强对流天气常常“成群结队”地“制造麻烦”，破坏力显著增强，加之其难以预测，其所造成的灾害已成为我国气象防灾减灾的重中之重。

本书全面介绍了强对流天气的概念、发生时间、发生因素，并详细介绍了强对流天气家族几大成员的特点，着重介绍强对流天气发生时和发生后的应对方法。本书语言通俗易懂，漫画生动形象，兼具知识性和趣味性，有助于读者在轻松快乐中获取知识、科学应对气象灾害。

希望这本科普书能为读者了解和应对强对流天气提供帮助，为切实保护人民生命财产安全贡献力量。

作者

2024 年 12 月

# 目录

## 第四章 雷雨大风



## 第五章 龙卷

## 第七章 飑线



## 第八章 应对强对流天气

# 第一章 认识强对流天气

# 一、什么是强对流天气

强对流天气是生命史短、天气变化剧烈、破坏力极强的灾害性天气。它每年在我国各地出现的时间不同，南方通常要比北方来得早。

在强对流天气家族中，有一帮爱搞破坏的“熊孩子”。

“熊孩子”们总喜欢在晴天的日子突然到来，降下一场倾盆大雨，有的还会刮起大风或搞出电闪雷鸣等动静。

这几个“熊孩子”经常在局地搞破坏，虽然范围小、持续时间短，却能在短时间内释放出巨大的能量，而且难以预测。

## 二、强对流天气一般指哪些

强对流天气家族几个出名的“熊孩子”分别是短时强降水、雷暴、雷雨大风、龙卷、冰雹、飑线。

好了，我现在给你介绍一下这几个“熊孩子”。
全都不许跑！
救命！
你们不要过来呀！

# 第二章 短时强降水

首先出场的是：
能让你猝不及防变成“落汤鸡”的——
短时强降水。

# 一、什么是短时强降水

短时强降水通常指 1 小时内降水量达到或超过 20 毫米的对流性降水，其突发性强、强度大、持续时间短，因此有“高空水龙头”的称号。

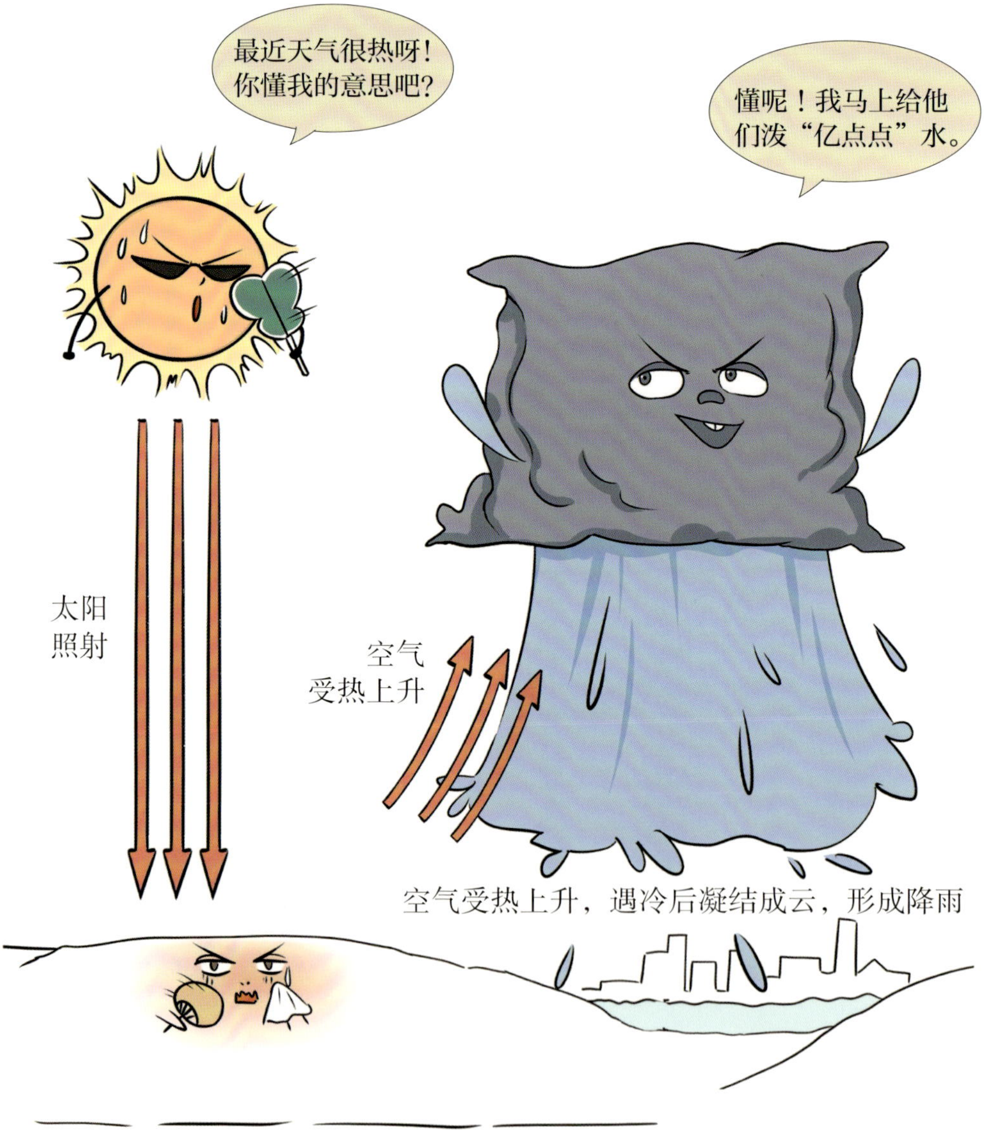

## 二、短时强降水的有力助手——积雨云

短时强降水为何来得如此突然？究其原因，主要是夏季高温促使地表水分蒸发旺盛，大量水汽上升遇冷凝结成云。

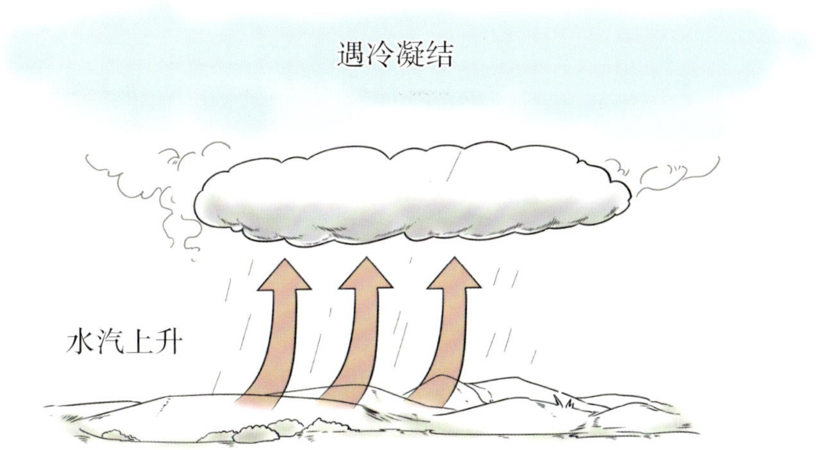


而当高空冷空气下沉至近地面时，受地表加热作用温度升高重新上升，形成强烈对流循环。这种垂直运动配合不稳定的大气层结，使得积雨云迅速发展，积雨云内部剧烈的上升气流和充沛水汽正是短时强降水形成的关键条件。

## 三、短时强降水有什么危害

短时强降水的危害按区域可分为两类：对城市内和对城市外。对城市内容易造成内涝，致使车辆被淹、人们出行困难等。

对城市外容易引发农田积水、山洪、泥石流、山体滑坡等次生灾害。

## （一）短时强降水对城市内的影响及应对

### 1. 城市内涝有哪些危险

面对短时强降水引发的城市内涝，人们要注意躲避一些危险。

避开下水井盖

水中可能带电

当心隧道积水

道路积水

## 2. 长时间内涝需要注意什么

短时强降水频发的地区容易出现长时间内涝，要应对这种情况，我们需要注意做好防御。

关注预警，提前防护

低洼住宅在汛期前准备好沙袋

不要光脚淌水，以免接触水中细菌和异物

注意路边防汛标志

### 3. 车辆涉水被淹，该如何应对

如果遇到严重内涝，人们驾驶的车辆，应该如何应对呢？

水位到了半个车轮并持续上涨时，应迅速下车逃离

水位漫过车轮到达车门位置时，要打开车窗和天窗逃离

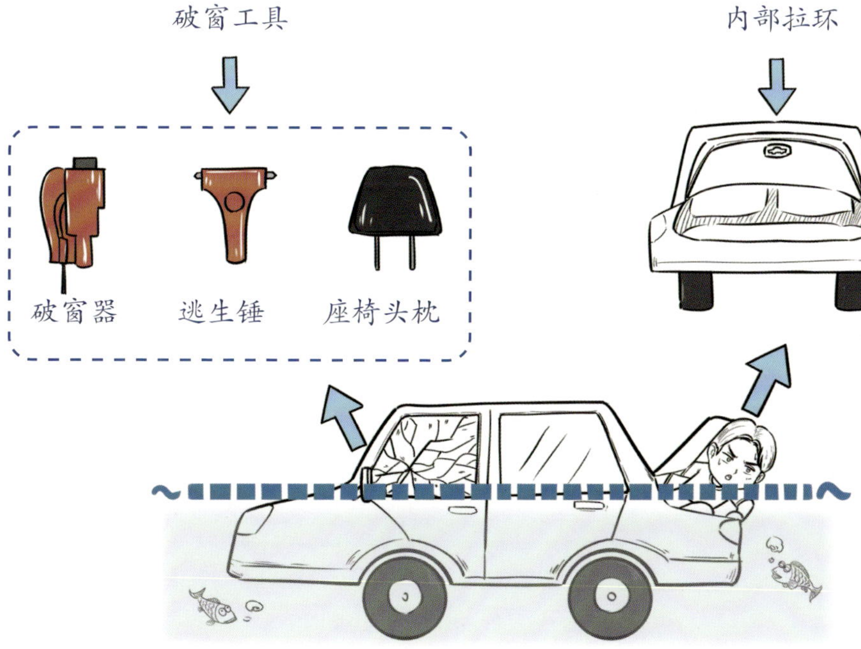


水漫过车窗，车门在强大的水压下无法打开，应使用破窗工具破窗逃生，或将后排座椅放倒，打开后备箱拉环，从后备箱逃离

## 4. 雨天车辆行驶注意事项

遇到路面积水，车辆应减速慢行。

雨中视线受阻时，应打开车辆雾灯和近光灯、示廓灯，与前车保持车距。

遇到积水路段，车辆不要贸然通过，否则容易造成熄火，甚至损坏发动机。

雨天经过弯道时，如果车辆速度过快，容易导致轮胎打滑，进而引发车辆失控甚至发生事故。

## 5. 雨天步行注意事项

提前准备好雨具

遇到降温，要注意保暖

雨天步行，要注意与车辆保持距离

遇到低洼积水，不要强行通过

## （二）短时强降水对城市外的影响及应对

### 1. 如何处理农田积水

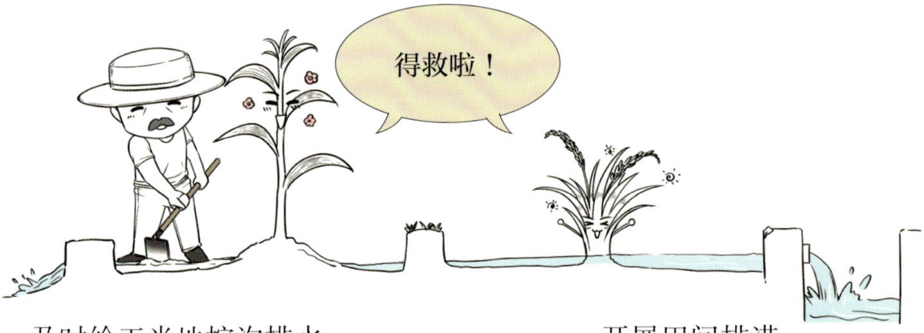


及时给玉米地挖沟排水　　开展田间排涝

防治病害　　补施穗粒肥

2. 如何应对山洪

跟朋友约好逛街，估计泡汤了。
我的宝贝车，我要暂时离开你了。
弱小无助。
被困于坚固楼房中时，应耐心等待救援或洪水退去
汽车熄火后弃车逃离
在坚固的高处墙体上避难
怎么也游不出汹涌的洪水……
紧急时爬上大树暂时避险
不要游泳逃生

3. 如何预判山体滑坡

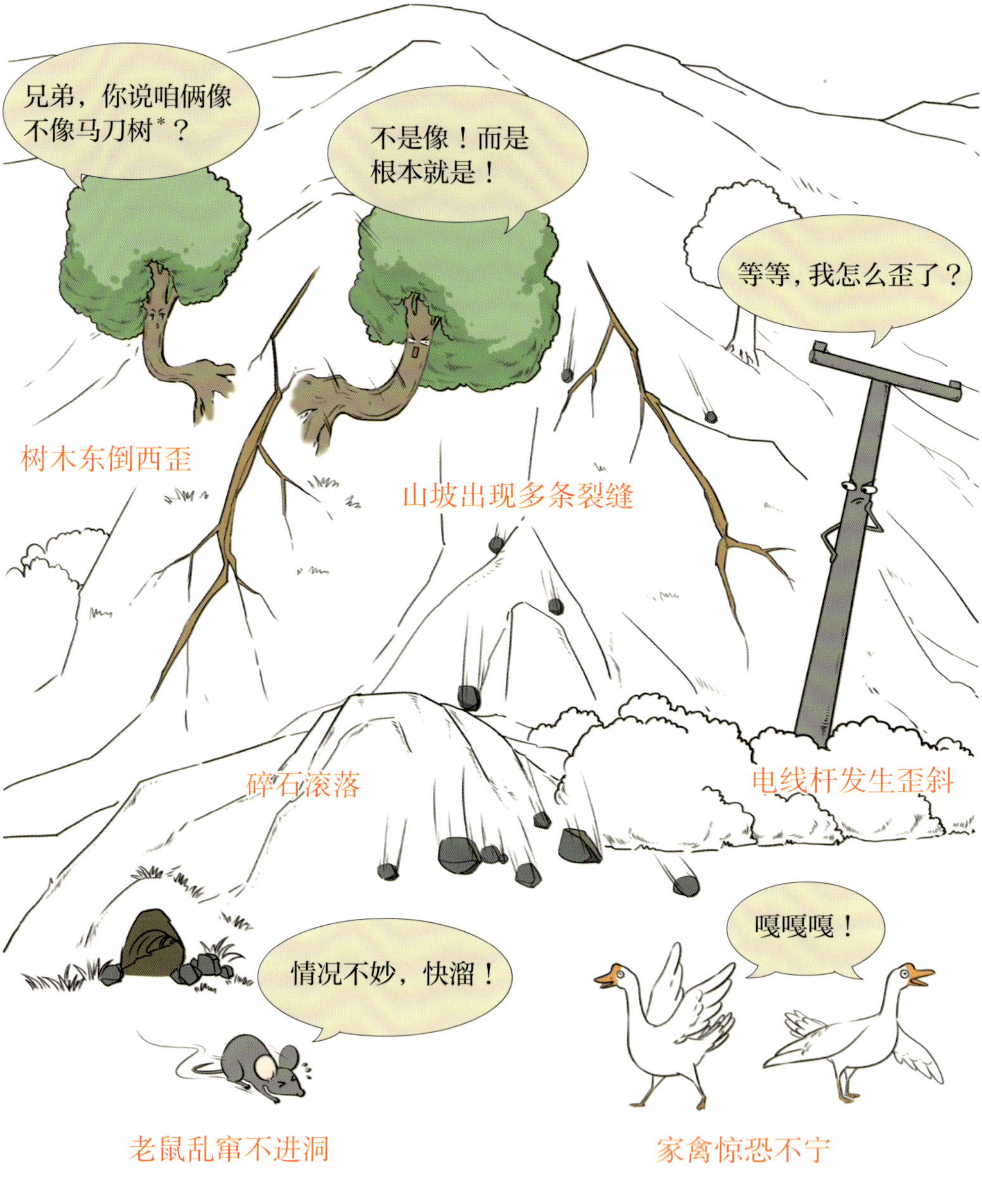


* 马刀树，指滑坡体上的树木随土体滑动而倾斜，在滑动停止后，树木的上部逐年转为直立形态的树木。它的存在是滑坡的明显标志。

4. 如何应对泥石流

喂，“119”吗？这里发生了泥石流，地点在……
往泥石流旁侧高处跑
到达安全处立即报警
不在土质不稳定处停留
不要在树上避难
不要追我！
救命！
不要顺着泥石流方向跑
弃车逃离

# 第三章 雷暴

第二位出场的是：
号令雷电的——
雷暴。

# 一、雷暴与雷电的区别

相对于雷暴，可能很多人更加了解雷电。那么，雷暴和雷电有什么区别和联系呢？

雷暴通常指伴有雷击和闪电的局地对流性天气，雷电是大气中的放电现象，伴随闪电和雷声。雷暴和雷电都源于积雨云中的强对流活动，雷暴是包含雷电在内的多种天气现象，而雷电仅指放电现象，是雷暴的主要特征之一。

雷暴必定由积雨云发展而成，因此常伴有强降水，有时伴有冰雹和强风。在发展旺盛的积雨云中，通常云的上部带正电荷，云的中、下部以负电荷为主，云的下部前方的强烈上升气流中还有小范围正电区。这样，云的上、下部之间形成一个电位差，当电位差大到一定程度后，就产生放电，这就是人们平常所见的闪电现象。

## 二、雷暴的发展

单个雷暴的持续时间通常不超过 2 小时，其生命周期包括积云阶段、成熟阶段和消散阶段。积云阶段是雷暴的初始阶段，主要表现为暖湿空气在地表受热后迅速上升，形成积云。成熟阶段是雷暴最强烈的阶段，云顶达到对流层顶，形成砧状云，出现强降水、雷电、大风甚至冰雹等天气现象。消散阶段是雷暴的衰退阶段，上升气流减弱，下沉气流占据主导地位，云体逐渐消散。

## 三、雷暴的类型

雷暴的类型有三种：单体雷暴、多单体雷暴、超级单体雷暴。

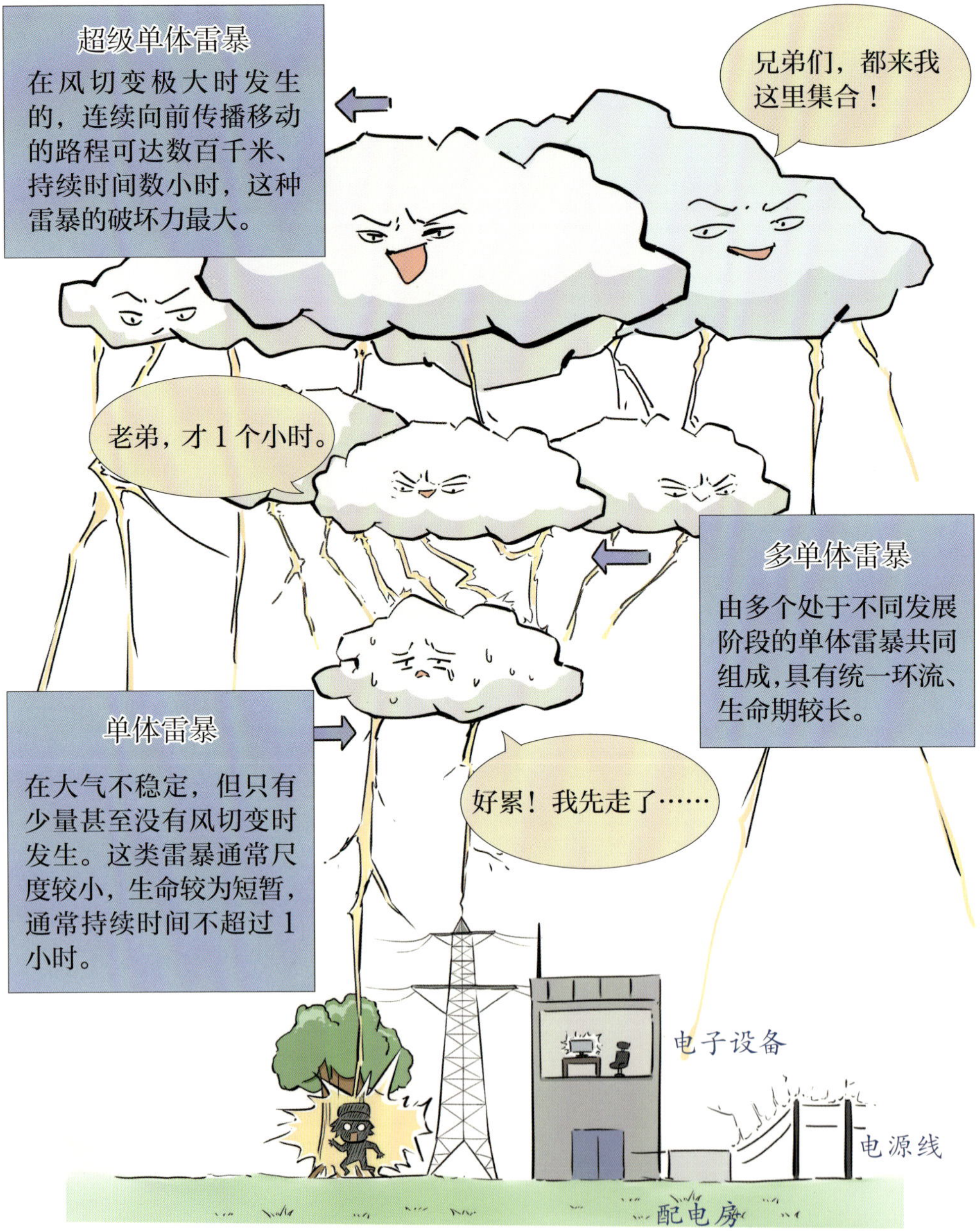

# 四、雷暴的危害

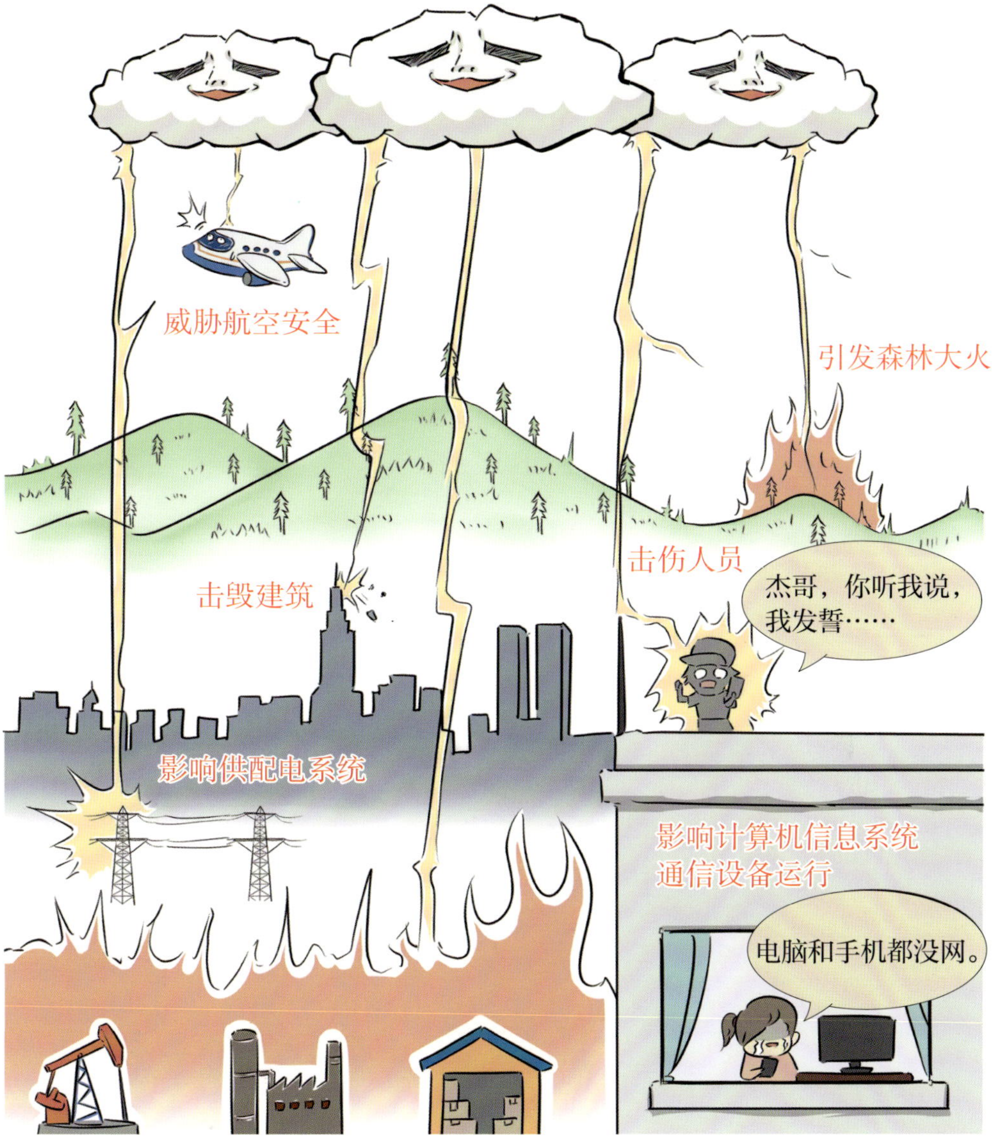


造成油田、炼油厂、仓储等燃烧甚至爆炸

# 五、室内防雷小知识

留在室内。在室外工作的人员应躲入建筑物内

切勿接触天线、水龙头、水管、铁丝网或其他类似金属装置

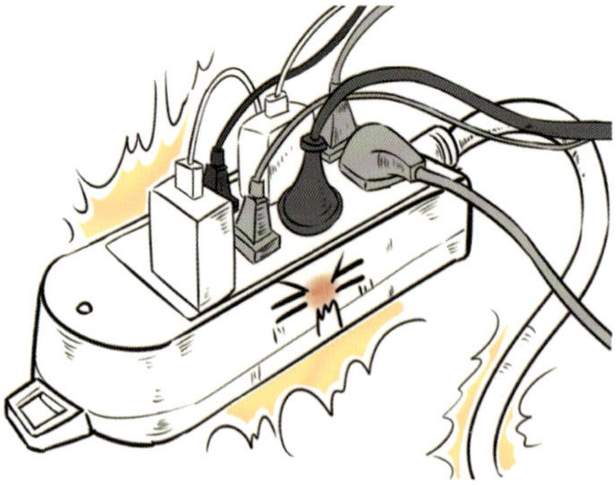

避免使用电话或其他带有插头的电器，包括电脑等

不用花洒淋浴

## 六、室外防雷注意事项

让我看看哪个小可爱不老实！
憋不住，我要放电了，谁能受我一击？
请勿站在树底下
下雨了，我在树下躲一会儿再回家。
请勿站在电塔广告牌和高烟囱下面
请勿使金属工具高过头顶
下雨了，赶快骑回家。
请勿触摸金属制品
请勿于高处打电话
请勿在空旷地面骑行
请勿靠近湖泊水面，如在水上，请迅速撤离

## 七、雷暴居然也有好处

虽然雷暴具有很强的破坏力，但它对人类生产生活也有好的一面。

雷暴发生时，雷电使空气中的氮气和氧气生成氮氧化物，再经过一系列的变化，落到地上后，便成了氮肥。因此，有人称雷电是"天然化肥厂的工程师"。

# 第四章 雷雨大风

第三位出场的是：
同时拥有打雷、下雨、刮风三种能力的——
雷雨大风。

# 一、什么是雷雨大风

雷雨大风，是指在出现雷、雨天气现象时，风力达到或超过 8 级（风速≥17.2 米 / 秒）的天气现象。

当雷雨大风发生时，乌云滚滚，电闪雷鸣，狂风夹伴强降水，有时伴有冰雹，风速极大。雷雨大风可能摧毁建筑、折断树枝，还会影响水上运输安全。

## 二、雷雨大风的影响范围和发生时间

从涉及范围看，雷雨大风一般只影响几千米至几十千米。

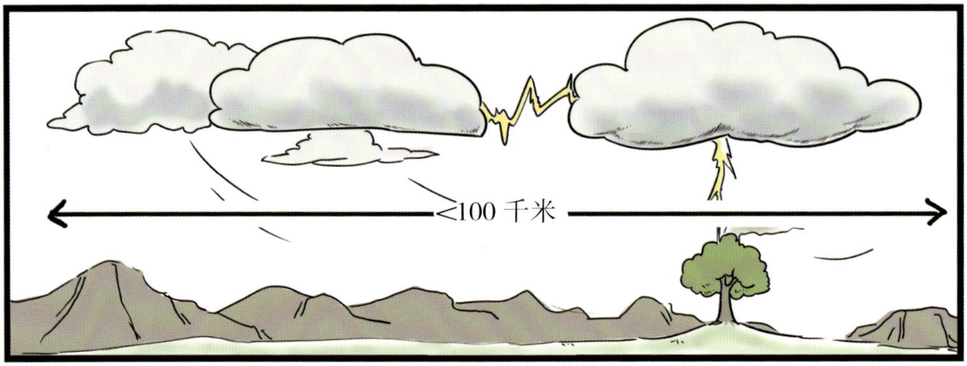


从发生时间看，雷雨大风多发生在春、夏、秋三季，冬季较为少见。

## 三、雷雨大风预警信号知多少

雷雨大风预警信号分三级，分别以黄色、橙色、红色表示。

雷雨大风黄色预警信号

标准：6 小时内本地将受雷雨天气影响，平均风力可达 6 级以上，或者阵风 8 级以上，并伴有强雷电；或者已经受雷雨天气影响，平均风力达 6~7 级，或者阵风 8~9 级，并伴有强雷电，且将持续。

雷雨大风橙色预警信号

标准：2 小时内本地将受雷雨天气影响，平均风力可达 8 级以上，或者阵风 10 级以上，并伴有强雷电；或者已经受雷雨天气影响，平均风力为 8~9 级，或者阵风 10~11 级并伴有强雷电，且可能持续。

雷雨大风红色预警信号

标准：2 小时内本地将受雷雨天气影响，平均风力可达 10 级以上，或者阵风 12 级以上，并伴有强雷电；或者已经受雷雨天气影响，平均风力为 10 级以上，或者阵风为 12 级以上并伴有强雷电，且可能持续。

# 四、雷雨大风天在室内注意事项

注意紧闭门窗

雷电发生时不要淋浴

晾衣服的铁丝不要拉到窗口

远离外露的水管、煤气管等金属制品

# 五、雷雨大风天在室外注意事项

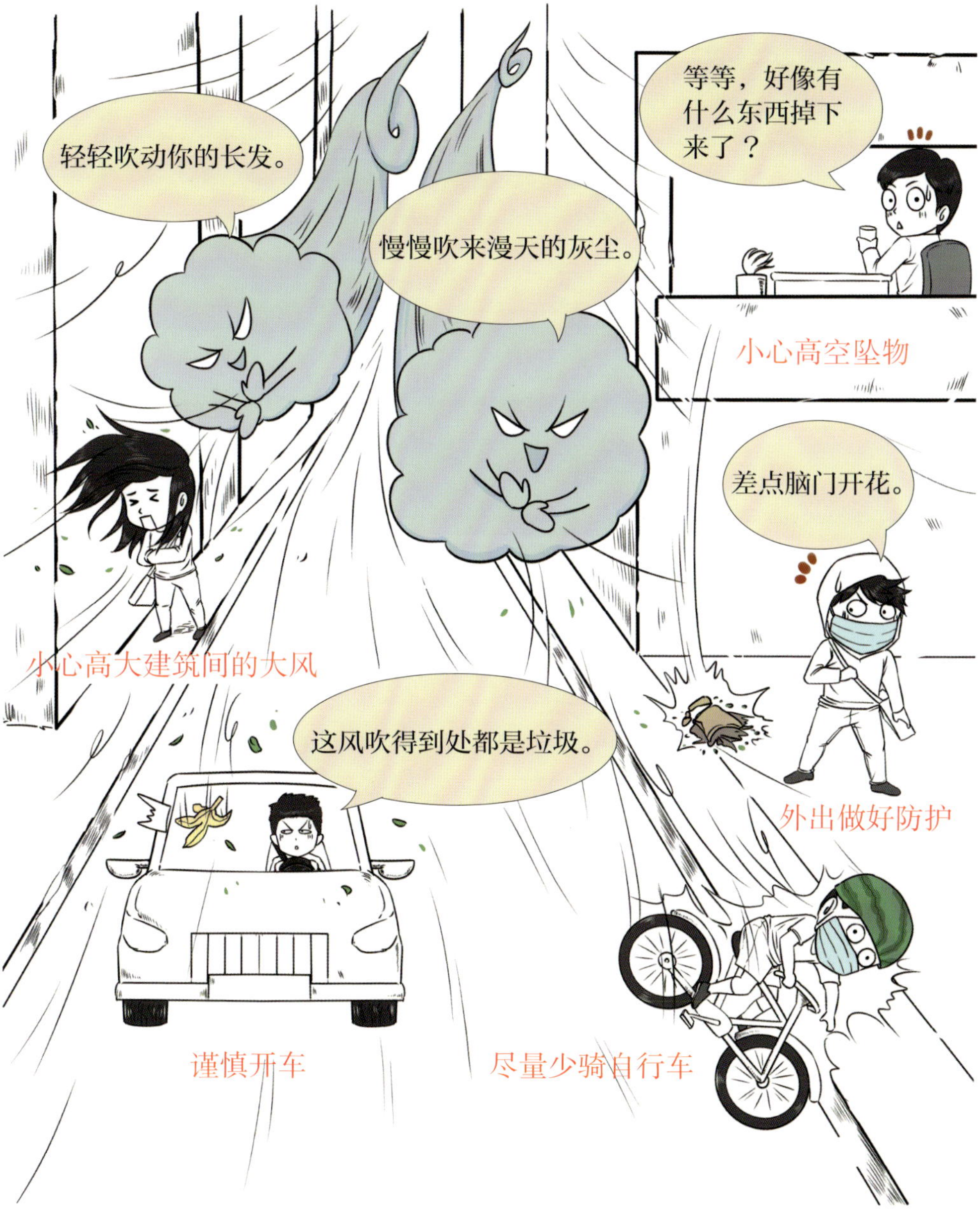

# 六、雷雨大风天开车注意事项

加大车距，不要超车

闪电来了躲车内

切勿急刹车、急打方向盘

车辆熄火后请求帮助

# 第五章 龙卷

第四位出场的是：
有摧枯拉朽之势的——
龙卷。

# 一、什么是龙卷

龙卷在强对流天气“熊孩子”队列里是破坏力最强的。它是自积雨云底部下垂的漏斗状云及其所伴随的猛烈旋转所形成的强烈涡旋系统，是一种小尺度天气系统，也是大气中局地性最强的涡旋现象。

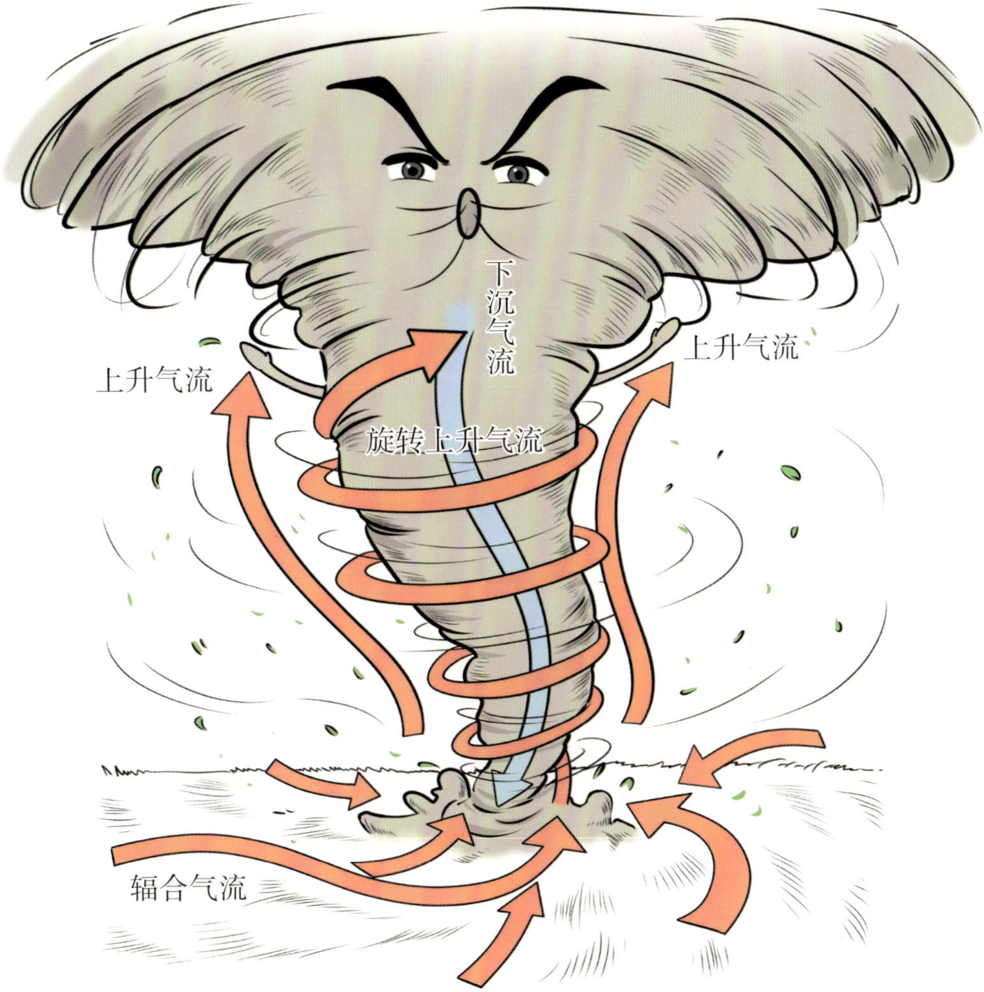

## 二、龙卷的种类

龙卷根据形态和产生环境，可以分为多涡旋龙卷、水龙卷、陆龙卷、火龙卷等类型。多涡旋龙卷指一个龙卷系统内部包含两个或两个以上涡旋的龙卷，通常由一个主涡旋和若干个次级涡旋组成。水龙卷可以简单地定义为“水上的龙卷”，通常意思是在水上的非超级单体龙卷。陆龙卷是指产生于陆地上的非超级单体龙卷，最常见于美国中部平原，多发生在春季和初夏。火龙卷是一种罕见的龙卷形态，是旋风与火焰的结合。火龙卷的出现主要是由于异常干旱的天气和强劲的风助长了火势。

多涡旋龙卷

水龙卷

陆龙卷

火龙卷

## 三、龙卷的危害

龙卷出现时，会阻断交通、损毁建筑、破坏植被等，巨大的龙卷，甚至能把汽车和人都卷上天！

## 四、龙卷的强度分级

按照国家标准《龙卷风强度等级》（GB/T 40243—2021），龙卷强度分为弱、中、强、超强四个等级。

等级：弱
最大阵风风速：≤ 38 米 / 秒
致灾程度：轻度

等级：中
最大阵风风速：38~49 米 / 秒
致灾程度：中等

等级：强
最大阵风风速：49~74 米 / 秒
致灾程度：严重

等级：超强
最大阵风风速：＞ 74 米 / 秒
致灾程度：毁灭性

## 五、龙卷一般出现在一年之中的哪几个月

由下图所示我国 1961—2010 年强龙卷在一年之中各月分布情况记录，可以看出强龙卷出现时间主要集中在春季和夏季，4—8 月较为常见，尤其多发生在 4 月和 7 月，10—12 月、1—2 月都极少发生。

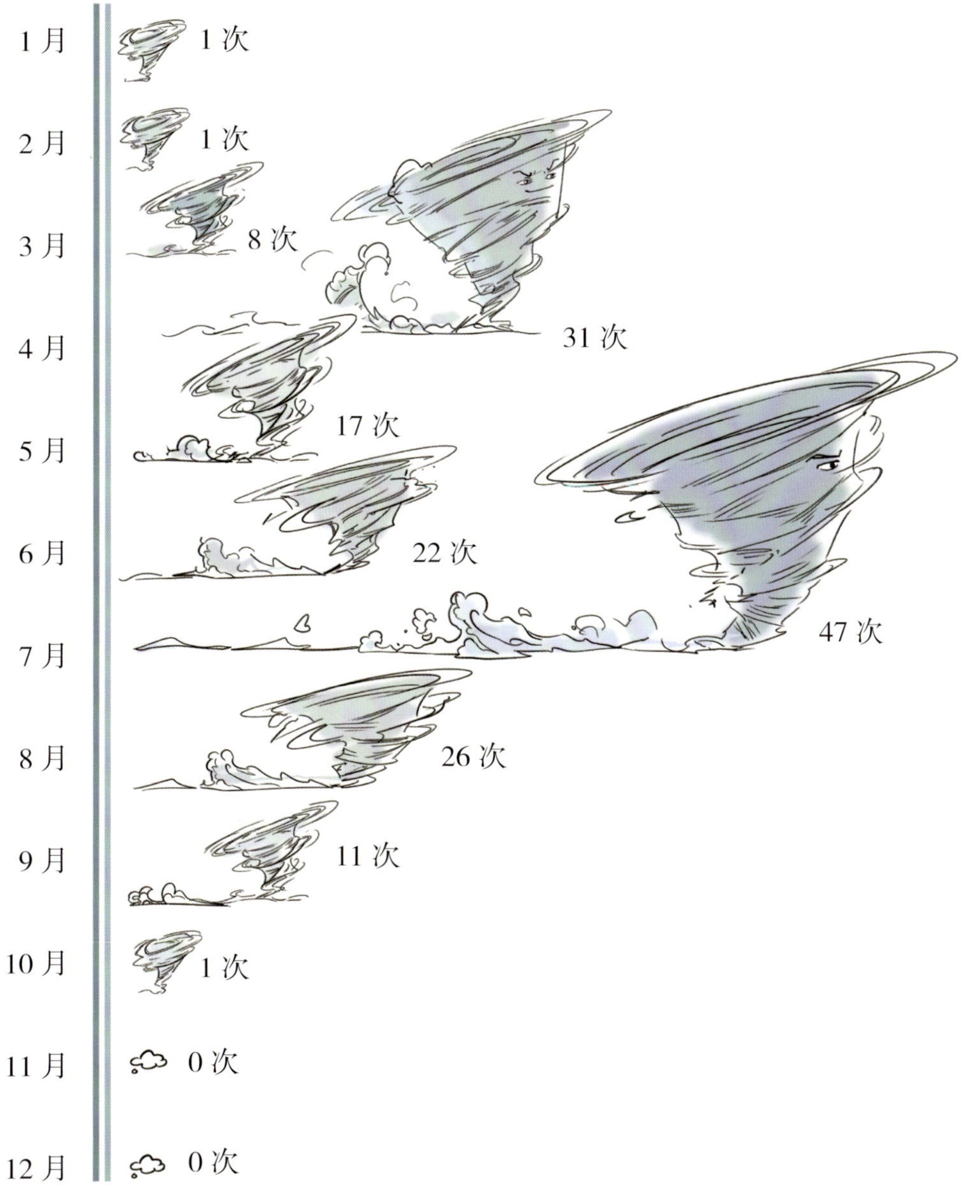

## 六、龙卷一般出现在一天之中的什么时间

由下图所示我国 1961—2010 年强龙卷在一天（24 小时）之中发生时间分布情况记录，可以看出强龙卷在一天之中的出现时间也有一定的规律，一般在午后至傍晚活跃。

# 七、遇到龙卷，我们应该怎么办

# 第六章 冰雹

第五位出场的是：
喜欢扔冰块的冰雹。他一出场，人、物都会挨砸。

# 一、什么是冰雹

冰雹俗称“雹子”，这个“熊孩子”仗着自己能用冰块投掷，经常在夏季或者春夏之交搞破坏。

冰雹是坚硬的球状、锥状或形状不规则的固态降水。常见的冰雹有如绿豆、黄豆那么小的，也有像栗子、鸡蛋那么大的。

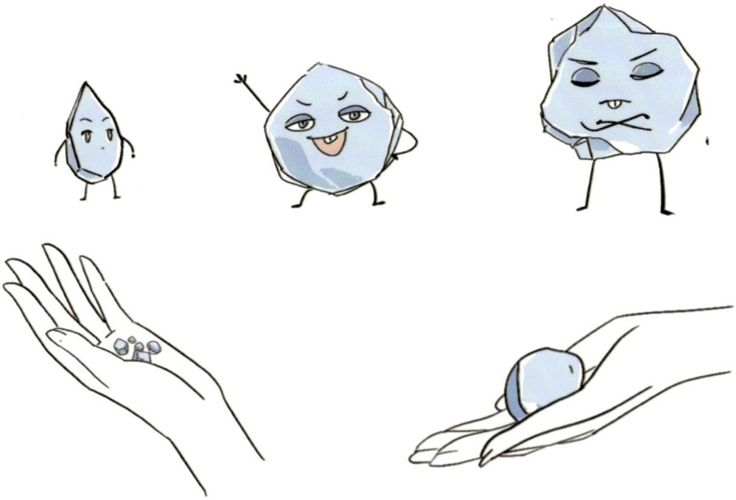

## 二、冰雹的形成过程

在冷云区，水汽在作为成冰核的气溶胶粒子上凝华形成冰晶，冰晶不断增大成大冰晶或者雪花。大冰晶或雪花在下降过程中碰到过冷水滴，增长成为雹胚。另外，冷云区低温可使水滴直接形成冻滴，产生另一种雹胚。雹胚在对流云中上下多次与过冷水滴碰并而增大成冰雹，当云中的上升气流托不住它时就下降到地面，形成降雹。

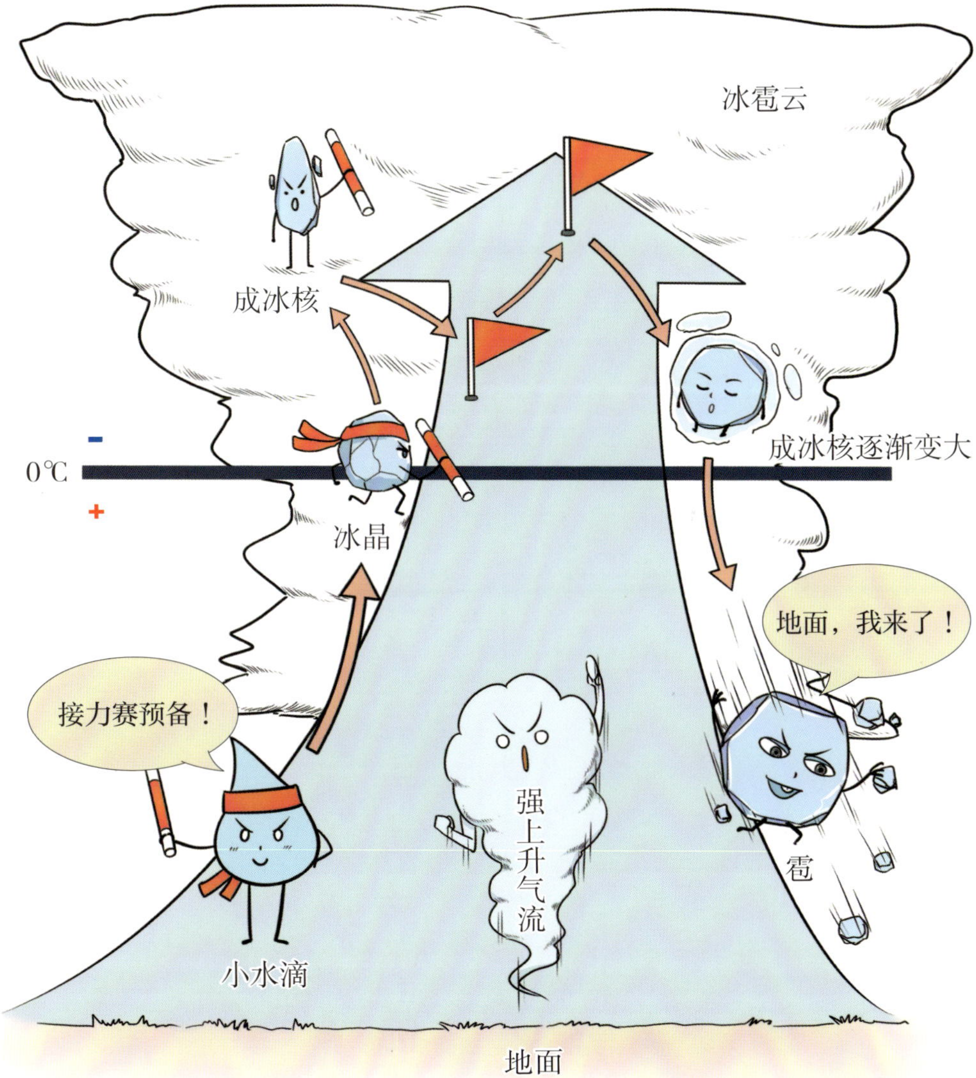

## 三、冰雹的等级

根据《冰雹等级》（GB/T 27957—2011），冰雹按照其落地的直径（*D*），分为小冰雹、中冰雹、大冰雹、特大冰雹四个等级。小冰雹直径小于 5 毫米；中冰雹直径大于或等于 5 毫米，小于 20 毫米；大冰雹直径大于或等于 20 毫米，小于 50 毫米；特大冰雹直径大于或等于 50 毫米。

小冰雹

中冰雹

大冰雹

特大冰雹

# 四、冰雹的危害

## 五、如何防范冰雹

只要我跑得够快，
冰雹就追不上我。
多雹地带多种树木改善地貌
不在树下躲冰雹
前面的兄弟，
等等我！
及时抢收成熟的农作物
随身携带防雹工具
土豆种植园
地面发生什么
事了？
提前准备好防雹网
种植抗雹击能力较强的农作物

## 六、冰雹对车辆的危害及防御措施

冰雹个头较小时如果只有黄豆大小，影响并不大，不会给车辆造成损害。冰雹个头较大时若一元硬币大小，有些和鸡蛋一样大，甚至有网球那么大，就会砸坏汽车，造成车玻璃碎裂、车身出现凹坑等创伤。

出现冰雹天气时，应尽量把车开到有遮挡的地方，最好停在地下停车场。

如果汽车停在室外，可以用被子将汽车盖住，这样可以减小冰雹对汽车的损害程度。

当冰雹来临无其他地方躲藏时，尽快躲到汽车后排座位，避免前挡风玻璃碎裂造成人身伤害。

## 七、在古代，人们是如何预测冰雹的

我国古代劳动人民在长期与大自然的斗争中，根据对云中声、光、电现象的仔细观察，初步认识了冰雹的活动规律。

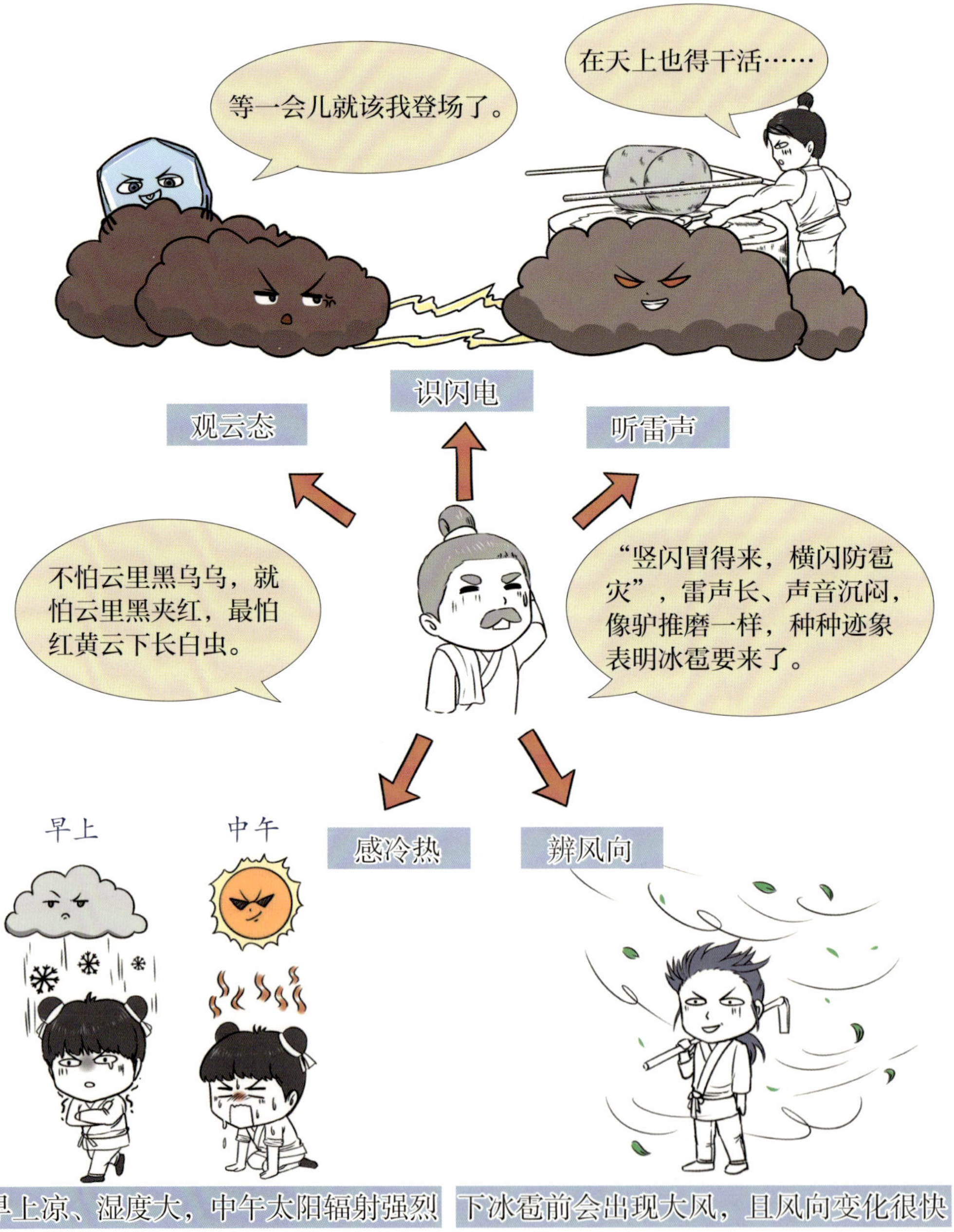

# 八、冰雹冷知识

下面讲一个冷门小知识——霰、米雪和冰雹的区别。

冰雹是一种硬的、半透明结晶体，小如绿豆，大如鸡蛋。

霰又称雪丸或者软雹，是白色不透明的小冰粒，近似球状或圆锥形，多在下雪前或下雪时出现。

米雪比霰小得多，落在地上不会反弹，也不会像霰一样碎裂，又称“米糁”。

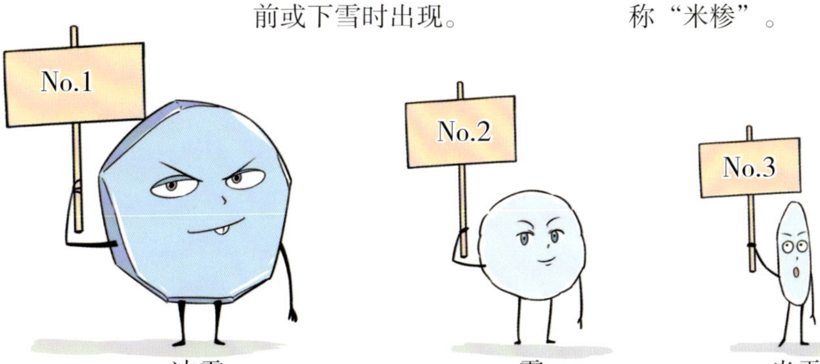


冰雹　　霰　　米雪

从个头看，冰雹比霰大，霰又比米雪大。冰雹的直径一般为5~50毫米，霰的直径为2~5毫米，米雪的最大直径不超过1毫米。

# 第七章 飑线

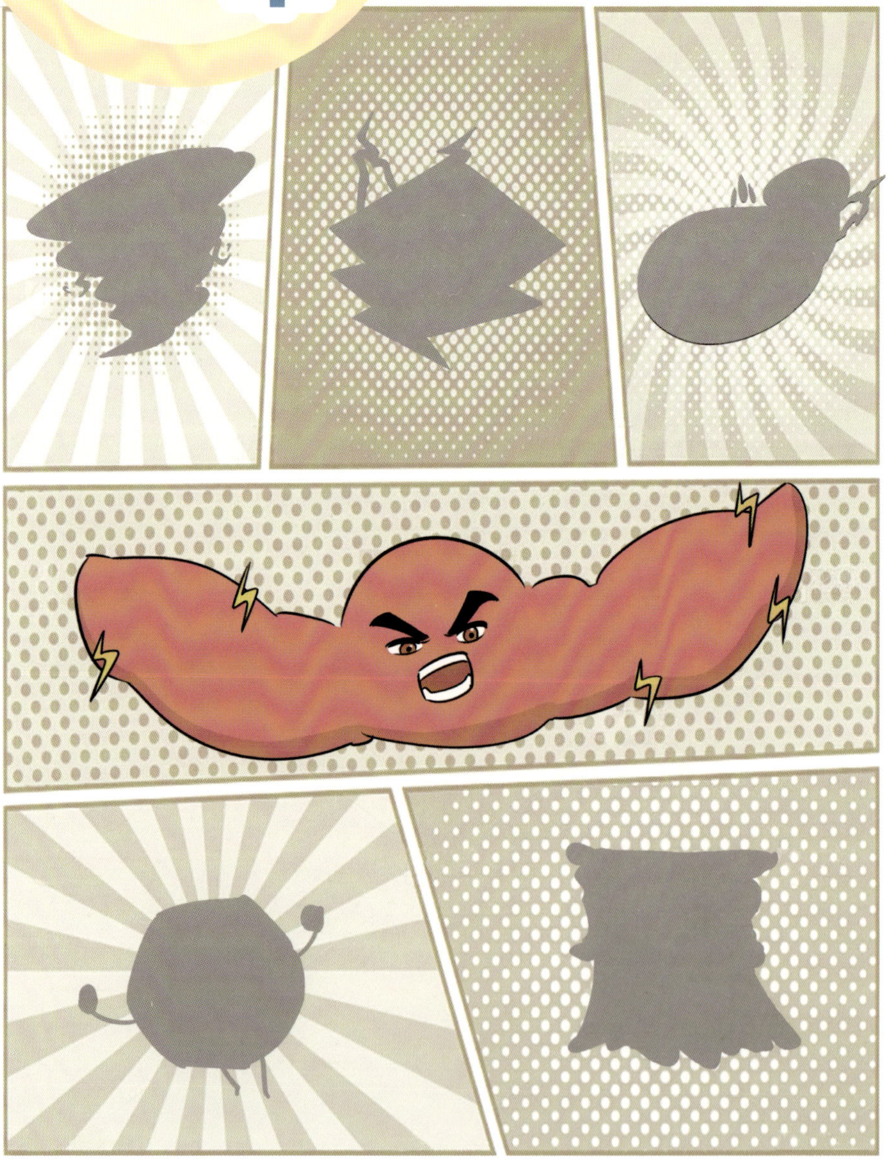

最后一位出场的是“终极 Boss”——飑线。

作为“熊孩子”里面的大哥，它常带领强对流家族和其他“熊孩子”们一起大搞破坏活动。

## 一、什么是飑线

飑线是指范围小、生命史短、气压和风发生突变的狭窄强对流天气带。作为强对流天气家族里的“大哥”，飑线每次出现，都会带上其他的强对流家族成员，声势浩大。

我们来看看飑线的发展过程。下图中的箭头是相对于风暴的矢量，C 区是龙卷最可能形成的区域。

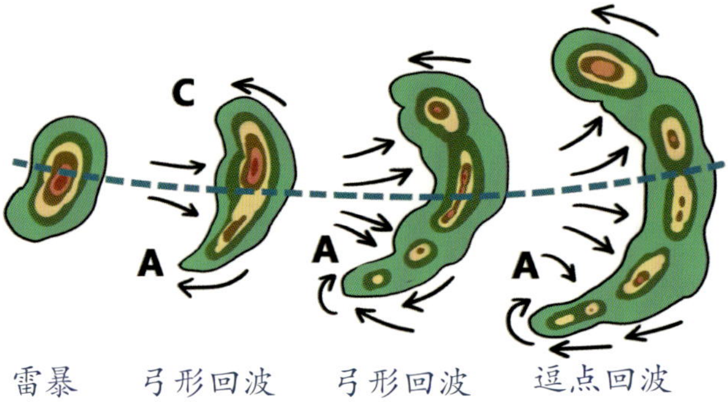


飑线的发展过程

在飑线这位“大哥”的带领下，强对流家族的其他几个“熊孩子”能发挥自己的最大能量，所以也有人说飑线是强对流天气的“航空母舰”。

## 二、飑线的主要特点

飑线的主要特点有风力强、移速快、呈带状、致灾重等。

风力强

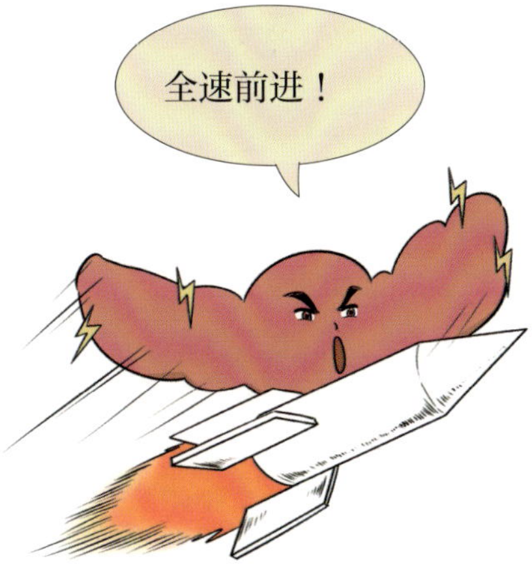


移速快

呈带状

致灾重

## 三、飑线发展的三个阶段

初生阶段

一般经历 3~5 小时，并伴有雷雨和 6 级左右大风。

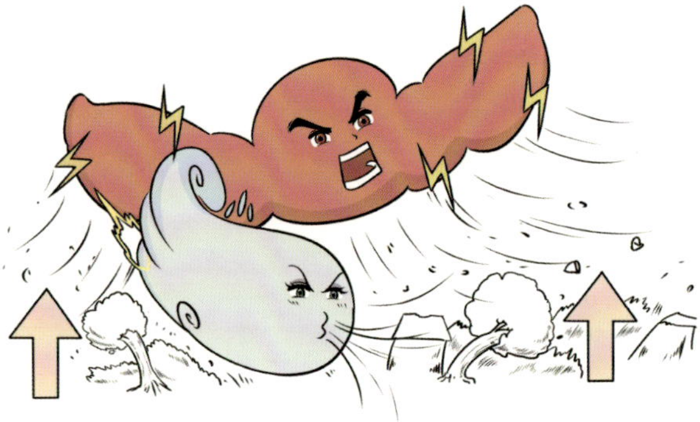

全盛阶段

历时 1~2 小时，风向突然改变，风力骤增，可由 8 级猛增至 12 级以上，气压急剧上升，温度骤降，是飑线破坏力最大的阶段。

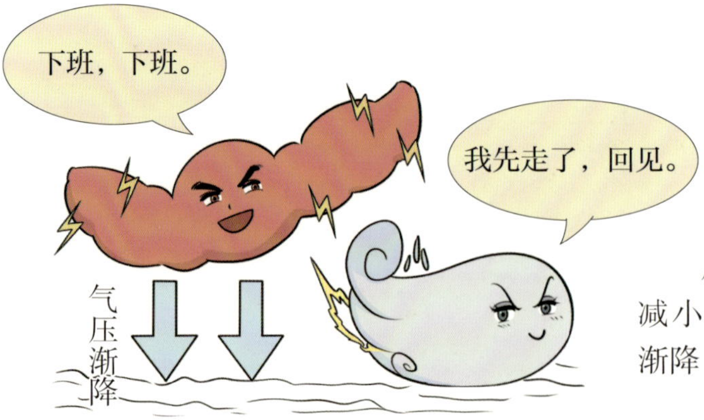


消散阶段

历时 2 小时左右，风力减小，雷雨强度降低，气压渐降，天气渐好。

# 四、飑线带来的天气现象

飑线会带来气温骤降、暴雨和冰雹来袭、风力急增、风向突变等天气现象。

气温骤降

暴雨和冰雹来袭

风力急增

风向突变

## 五、飑线的破坏力

飑线的破坏力非常大，会引发雷击灾害、风灾、雹灾和洪灾等。

雷击灾害

风灾

雹灾

洪灾

## 六、如何防范飑线危害

因为飑线是诸多强对流天气的“航空母舰”，所以想要防范飑线的危害，关闭门窗、不外出是最好的选择。

# 第八章 应对强对流天气

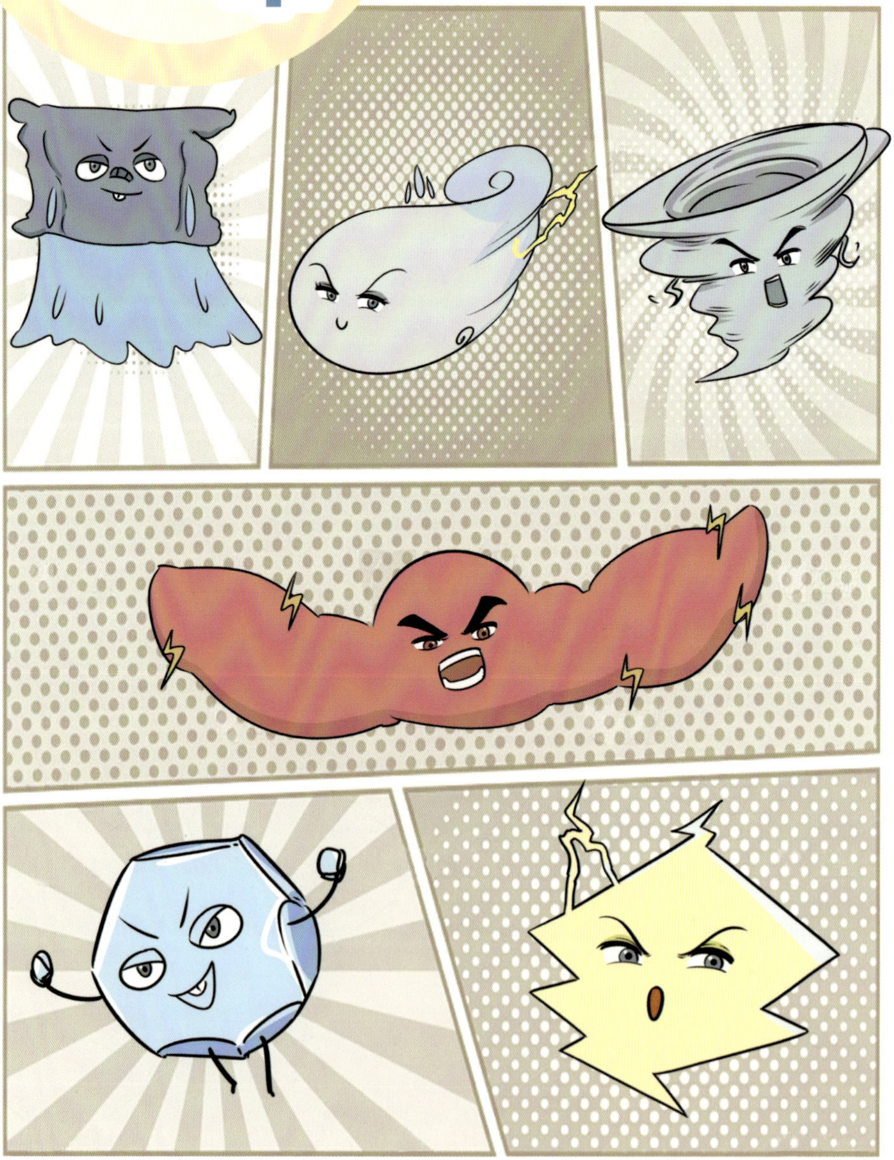

介绍完强对流天气家族的“熊孩子”，现在我们可以总结一下他们的“招式”和应对这些“招式”的办法了。

# 一、强对流天气主要有哪些特点

强对流天气的主要特点表现为：发生季节早，结束迟；强度大，破坏性强；水平尺度小，生命史短。

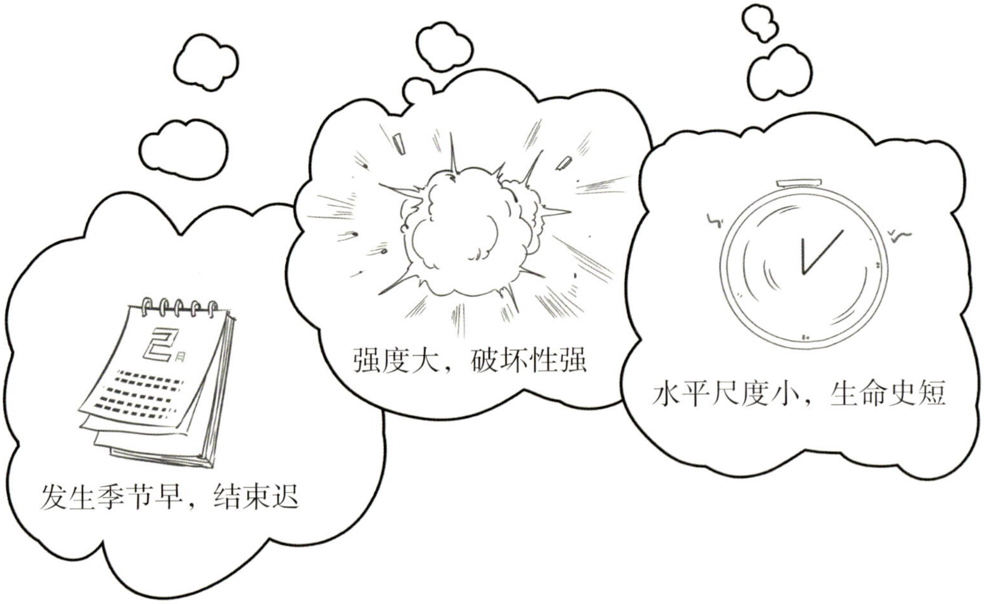

## 1. 发生季节早，结束迟

强对流天气一般每年 2 月开始出现，至 9 月以后逐渐减少。个别年份会提前在 1 月出现，推迟至 10—12 月才结束。

## 2. 强度大，破坏性强

强对流天气具有垂直方向速度快、突发性强、破坏力大的特点，如出现强对流天气时，一些过程的瞬时风力可达到或超过12级（风速≥32.7米/秒）。

### 3. 水平尺度小，生命史短

强对流天气的水平尺度小，一般水平范围在十几千米至二三百千米，有的水平范围只有几十米至几千米；生命史短，一般较长的大约几小时，较短的仅有几分钟至1小时。

在广东省，强对流天气是各种灾害性天气中出现次数最多的，大风、飑线、冰雹和龙卷出现均较频繁，有的年份，一天内竟降下4次冰雹，最长降雹时间持续半小时；有的月份，全省持续多日降雹。

## 二、强对流天气发生的时间

想准确知道什么时候会发生强对流天气吗？

答案是：预测难度大！强对流天气出现时间在我国各地不尽相同，南方要比北方出现得早。雷雨大风多发生在春、夏、秋三季，冬季较为少见。

短时强降水：一年四季都可见，也以春、夏、秋三季为多。

飑线：多发生在春夏过渡季节冷锋前的暖区中，台风前缘也常有飑线出现，以 3—9 月居多。

龙卷：一般发生在春夏过渡季节或夏秋之交 (4—10 月 )，以前者居多。

冰雹：大多出现在冷暖空气交汇激烈的 2—5 月，也可能在盛夏强烈而持久的雷暴中降落。

## 三、为什么强对流天气难以预测

强对流天气太过“短、强、快”，让预报难上加难。因为在天气预报中，越大越慢的天气系统，越可以根据大气模拟来预测，可预报性越高，反之则低。

一般夏季午后强对流天气即将发生时，空气湿热，会让人感觉闷热，犹如“蒸桑拿”，再往近点说，如果我们遇到雷声逼近、天昏地暗、狂风骤起等异常情况，就证明远处已经开始产生强对流天气，不久就会席卷而来，要注意做好防护了。

## 四、强对流天气容易引发的自然灾害

强对流天气引发的自然灾害大体上可归纳为风灾、涝灾、雹灾。在强对流天气发生时，往往几种灾害同时出现，对我国国计民生和农业生产影响较大。

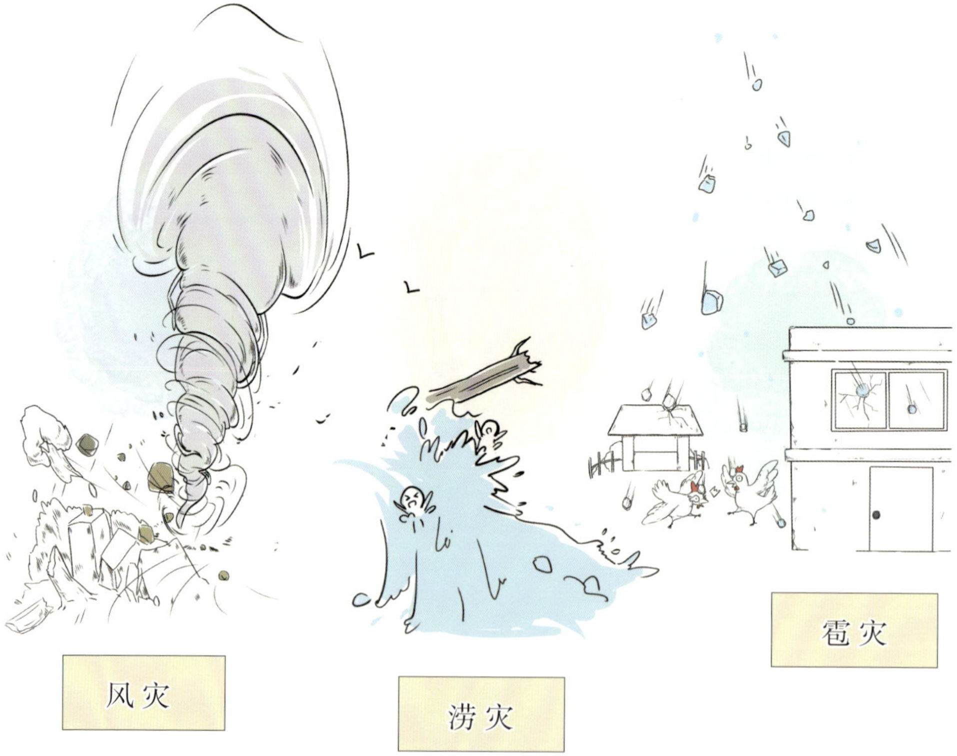

## 五、该如何应对强对流天气

强对流天气突发性强、成灾种类多、破坏力大，常造成严重灾害，目前尚无有效办法对其进行人为削弱，因此要采取预防为主、防救结合的策略。简而言之，遭遇强对流天气时应谨记一句话：能躲家中躲，没事别溜达。

## 六、强对流天气防范顺口溜

虽然强对流天气捉摸不定，但气象部门一直在努力加强研究、严密监测、及时预警、全力守护人民的生命和财产安全。下面的顺口溜提到一些防范技能，请大家记好啦！